サイパー 仕組みが分かる理科練習帳シリーズ
シリーズ２
てこの基礎 上

てこ・てんびん　回転力（モーメント）と釣り合

小数範囲：小数までの四則計算が正確にできること。

◆　本書の特長

1、「力」の一分野である「てこ」について、段階を踏んで詳しく説明しています。

2、自分ひとりで考えて解けるように工夫して作成されています。他のサイパーシリーズと同様に、**教え込まなくても学習できる**ように構成されています。

3、このテキスト「てこの基礎」は、算数の「比」について知っていると、より早く解くことができます。比については、サイパー思考力算数練習帳シリーズ４１「比の基礎」を学習して下さい。

◆　サイパー仕組みが分かる理科練習帳シリーズについて

　　ある問題について同じ種類・同じレベルの問題をくりかえし練習することによって、確かな定着が得られます。

　　そこで、中学入試につながる思考力の必要な単元について、同種類・同レベルの問題をくりかえし練習することができる教材を作成しました。

◆　指導上の注意

①　解けない問題、本人が悩んでいる問題については、お母さん（お父さん）が説明してあげて下さい。その時に、できるだけ具体的なものにたとえて説明してあげると良くわかります。

②　お母さん（お父さん）はあくまでも補助で、問題を解くのはお子さん本人です。お子さんの達成感を満たすためには、「解き方」から「答」までの全てを教えてしまわないで下さい。教える場合はヒントを与える程度にしておき、本人が自力で答を出すのを待ってあげて下さい。

③　お子さんのやる気が低くなってきていると感じたら、無理にさせないで下さい。お子さんが興味を示す別の問題をさせるのも良いでしょう。

④　丸付けは、その場でしてあげて下さい。フィードバック（自分のやった行為が正しいかどうか評価を受けること）は早ければ早いほど、本人の学習意欲と定着につながります。

もくじ

てこの基礎・・・・・・・・・・・3
  問題1・・・・・・5
  例題1・・・・・・8

てんびんと回転力・・・・・・・7
  問題2・・・・・・9

てんびんの釣り合い・・・・・10
（さおの重さを考えない）
  例題2・・・・・11
  問題3・・・・・12
  例題3・・・・・13
  問題4・・・・・14
  例題4・・・・・15
  例題5・・・・・16
  問題5・・・・・17
  問題6・・・・・19
 テスト1・・・・・20

重心・・・・・・・・・・・23
  問題7・・・・・25

てんびんの釣り合い・・・・・27
（さおの重さを考える）
  例題6・・・・・28
  問題8・・・・・29
  問題9・・・・・30
  例題7・・・・・31
  問題10・・・・32
  問題11・・・・33
  例題8・・・・・34
  問題12・・・・35
 テスト2・・・・・37

解答・・・・・・・・・・・・・・・・・41

てこの基礎

大きな岩も、長い棒をうまく使うと、簡単に動かすことができます。
このような仕組み(装置)を「てこ」と言います。

てこには、3つの「点」があります。
1つ目は、人間が持って力をかける点です。これを「力点」と言います。
2つ目は、棒がものを動かすなど、仕事をする点です。これを「作用点」と言います。
3つ目は、棒を支えている点です。これを「支点」といいます。

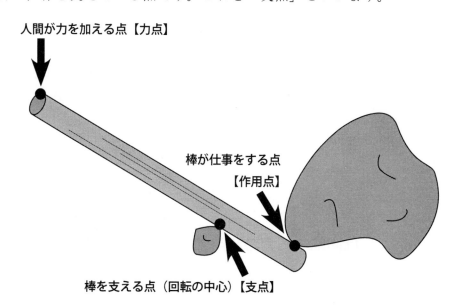

てこの基礎

　てこの原理を利用して、ものの重さをはかったり、ある重さをはかりとったりする道具のことを「てんびん」と言います。右の図は、理科の実験につかう「実験用てんびん」です。

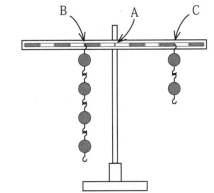

　この図の場合、支点はAです。力点と作用点はBとCになります。この場合、どちらかに力を加えて、どちらかで仕事をさせているというものではありませんので、BとCとで、どちらが力点でどちらが作用点か、区別する必要がありません。

　てこやその原理を利用したものは、全て回転する力を利用しています。

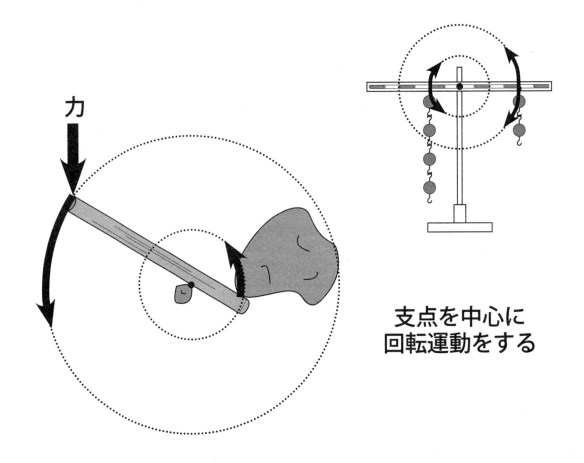

支点を中心に回転運動をする

★てこ（てんびん）は回転する力の利用であり、回転の中心が支点である。

てこの基礎

問題1、人間の作った道具の多くに、てこの仕組みが使われています。下の道具はてこの仕組みを利用した道具ですが、例に習って、それぞれ「力点」「作用点」「支点」の場所を矢印で示しなさい。

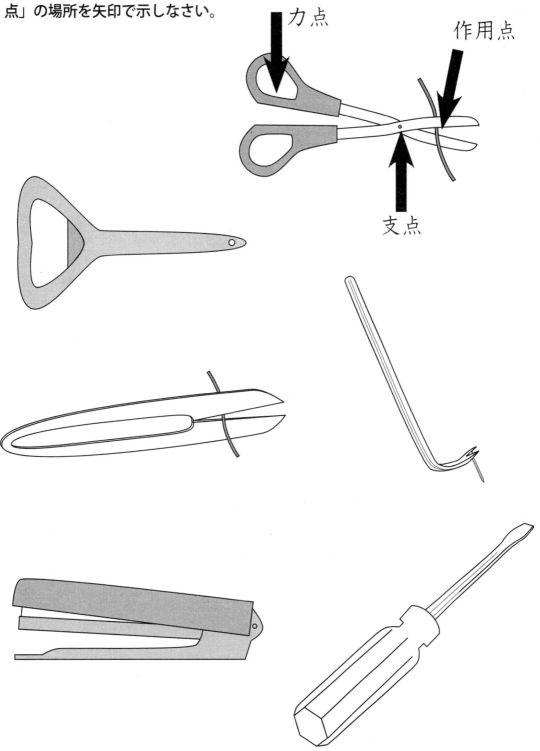

てこの基礎

てこもてんびんも、回転する力を利用したものです。

回転する力(以下「回転力」)は、「押す強さ」と「支点からの距離」で決まります。

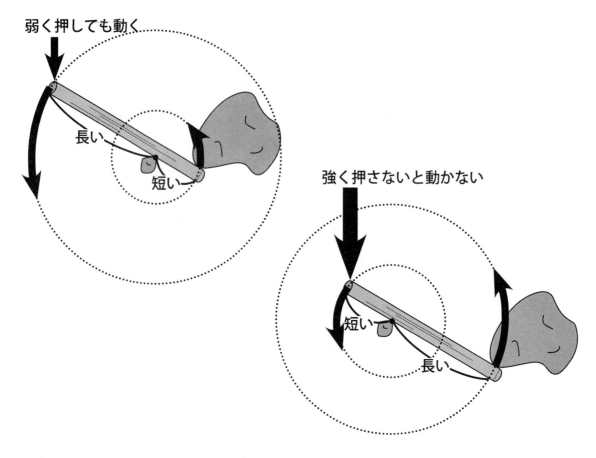

「押す強さ」はその点にかかる「重さ」と同じですので、単位は g (グラム) あるいは kg (キログラム) で表すことができます。

てこの力は、以下のように求めることができます。

てこの力(回転力)=支点からの距離×重さ

てこ(てんびん)に関しては、この式が全ての基本になります。この式を使わないで、てこ(てんびん)の力関係をあらわすことはありません。ですから、この式を必ずしっかり覚えて下さい。

「回転力」は「モーメント」とも言います。本書では「モーメント」という言葉は使いませんが、覚えておいて下さい。

てんびんと回転力

てこは、回転する力が重要です。

回転する力は、「回転」ですので、2種類の方向があります。

一般に言う「右回り」を、まちがえないように「**時計回り**」と表現することにします。また、一般に言う「左回り」を「**反時計回り**」と表現することにします。

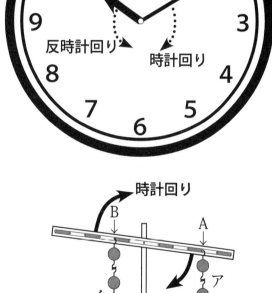

下のてんびんの図で、おもりがどちらに引っぱっているかを考えて、「時計回り」か「反時計回り」かを判断します。

「ア」の2つのおもりは、重さがあるので、下に引っぱっていますね。「ア」のおもりがてんびんの「A」の部分を下にひっぱると、てんびんはどちら回りに回ろうとしますか？

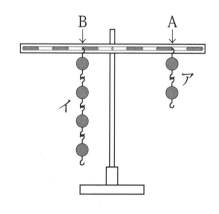

「A」の部分（アのおもりの部分）を下に引っぱると、てんびんは「時計回り」に動こうとします。ですから、「ア」のおもりは、「時計回り」に引っぱっています。

同じように考えると、「イ」のおもりは、「反時計回り」に引っぱっていることが分かります。（次ページ図）

てんびんと回転力

では、次の場合はどうでしょうか。
下の図を見て下さい。

「A」の部分は前ページと同じ、おもりが下に引っぱっていますね。

では、「B」のばねばかりの部分はどうでしょうか。「B」の部分は、上からばねばかりで引っぱっています。この部分を指でつまんで引っぱると、どちらに回転するでしょうか。

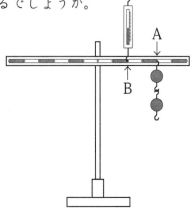

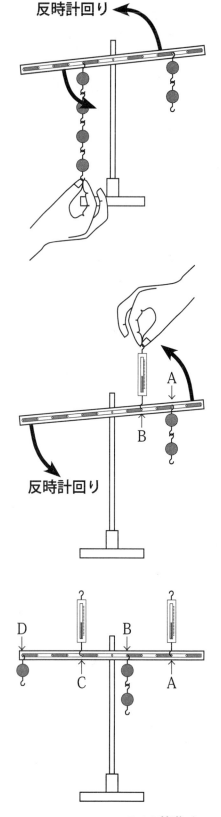

右図から分かるように、「B」のばねばかりは、てんびんを上に引っぱっています。これはてんびんを「反時計回り」に回そうとする力になっています。

例題1、右の図のてんびんの「A」から「D」の部分は、それぞれ「時計回り」「反時計回り」のどちらの力がかかっているでしょうか。

　　　　答、A：反時計回り
　　　　　　B：時計回り
　　　　　　C：時計回り
　　　　　　D：反時計回り

てんびんと回転力

問題2、右の図のてんびんの「A」から「L」の部分は、それぞれ「時計回り」「反時計回り」のどちらの力がかかっているでしょうか。

答、A：_____

B：_____

C：_____

D：_____

E：_____

F：_____

G：_____

H：_____

I：_____

J：_____

K：_____

L：_____

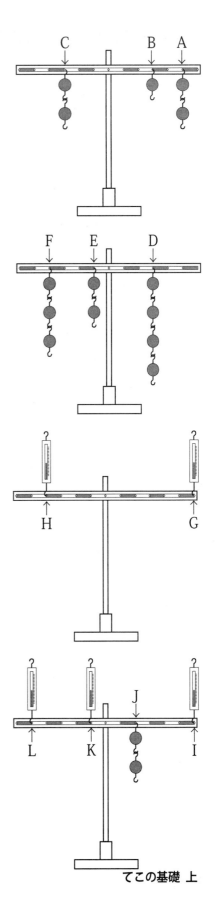

てんびんの釣り合い（さおの重さを考えない）

　P6で説明したように、てこの力（回転力）は

　　　　てこの力（回転力）＝支点からの距離×重さ

で求めることができました。

　また、てこやてんびんは、「時計回り」と「反時計回り」の力が等しくなった時に釣り合います。

　　　　てこの釣り合い　…　時計回りの力＝反時計回りの力

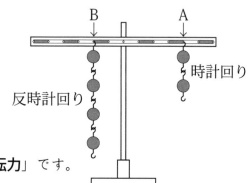

　右の図を見て下さい。
　「A」の部分にかかっている力は「**時計回り**」です。また、「A」は「支点からの距離＝4めもり」、「重さ＝おもり2個」なので、
　　　「**4めもり×2個＝8回転力**」
となります。「A」の部分は「**時計回り・8回転力**」です。

　「B」にかかっている力は「**反時計回り**」です。また、「B」は「支点からの距離＝2めもり」、「重さ＝おもり4個」なので、
　　　「**2めもり×4個＝8回転力**」
となります。「B」の部分は「**反時計回り・8回転力**」です。

　以上のように、この図では「**時計回り・8回転力**」、「**反時計回り・8回転力**」となり、時計回りの回転力と反時計回りの回転力が等しい状態です。

　このように、時計回りと反時計回りの回転力が等しい時に、てんびんは釣り合います。よって、この図ではてんびんのさお（棒(ぼう)）が水平になります。

てこの釣り合い：　時計回りの回転力　　＝　　反時計回りの回転力
　　　　　　　　（支点からの距離×重さ）　　　（支点からの距離×重さ）

てんびんの釣り合い（さおの重さを考えない）

例題2-①、右の図のてんびんを釣り合わせる（水平にする）ためには、「A」に何個のおもりをつるす必要がありますか。（てんびんのさおの重さは考えない）

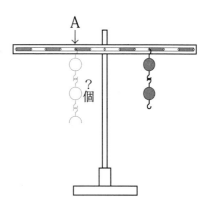

考え方

時計回りの力（支点からの距離×重さ）と、反時計回りの力（支点からの距離×重さ）とが等しくなれば釣り合います。

   時計回りの力 反時計回りの力
   3めもり×2個＝2めもり×□個
      6回転力＝2めもり×□個

  □個＝6回転力÷2めもり
   ＝3個

答、__3個__

例題2-②、もし「B」につるして釣り合わせるとすると、何個のおもりをつるす必要がありますか。

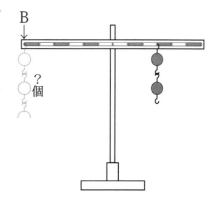

同様に考えます。
   時計回りの力 反時計回りの力
   3めもり×2個＝6めもり×□個
      6回転力＝6めもり×□個

  □個＝6回転力÷6めもり
   ＝1個

答、__1個__

てんびんの釣り合い（さおの重さを考えない）

問題３、右の図のてんびんを釣り合わせる（水平にする）ためには、それぞれ何個のおもりをつるす必要がありますか。（てんびんのさおの重さは考えない）

① 式

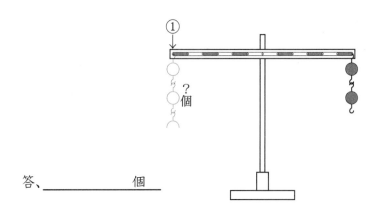

答、＿＿＿＿＿個

② 式

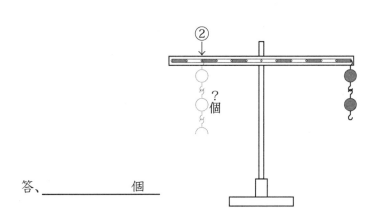

答、＿＿＿＿＿個

③ 式

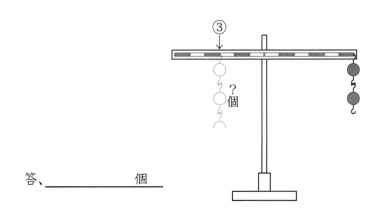

答、＿＿＿＿＿個

てんびんの釣り合い（さおの重さを考えない）

例題３－①、右の図のてんびんを釣り合わせる（水平にする）ために３個のおもりをつるす場合、A〜Fのどこにつるす必要がありますか。（てんびんのさおの重さは考えない）

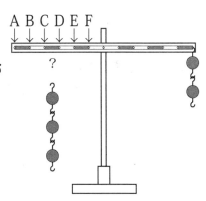

考え方

時計回りの力（支点からの距離×重さ）と、反時計回りの力（支点からの距離×重さ）とが等しくなれば釣り合います。

```
時計回りの力     反時計回りの力
６めもり×２個＝□めもり×３個
   １２回転力＝□めもり×３個
```

□めもり＝１２回転力÷３個
　　　　＝４めもり　…　支点から左へ４めもり

答、__C__

例題３－②、もし４個つるして釣り合わせるとすると、A〜Fのどこにおもりをつるす必要がありますか。

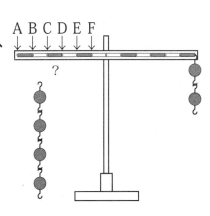

同様に考えます。

```
時計回りの力     反時計回りの力
６めもり×２個＝□めもり×４個
   １２回転力＝□めもり×４個
```

□めもり＝１２回転力÷４個
　　　　＝３めもり　…　支点から左へ３めもり

答、__D__

てんびんの釣り合い（さおの重さを考えない）

問題４、右の図のてんびんを釣り合わせる（水平にする）
ためにおもりをつるす場合、Ａ～Ｆのどこにつるす
必要がありますか。それぞれ答えなさい。（てんびん
のさおの重さは考えない）

① 式

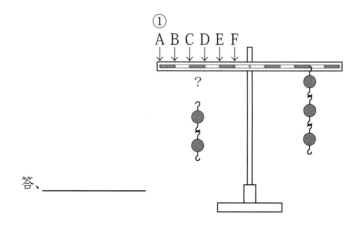

答、＿＿＿＿＿＿

② 式

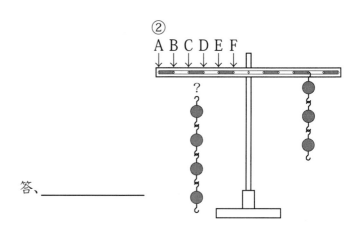

答、＿＿＿＿＿＿

③ 式

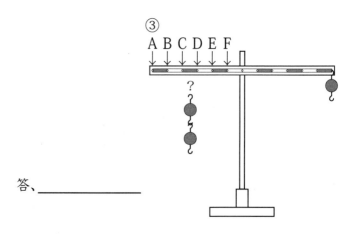

答、＿＿＿＿＿＿

てんびんの釣り合い（さおの重さを考えない）

例題４−①、右の図のてんびんを釣り合わせる（水平にする）ためには、図の位置に何ｇのおもりをつるす必要がありますか。（てんびんのさおの重さは考えない）

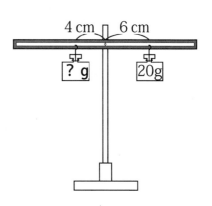

考え方

長さや重さの単位が変わっても、考え方は同じです。時計回りの力を「cm×g」で考えれば、反時計回りの力も「cm×g」で考えればよろしい。

　　　時計回りの力　　反時計回りの力
　　　６cm×２０g＝４cm×□g
　　　　１２０回転力＝４cm×□g

　　　□g＝１２０回転力÷４cm
　　　　　＝３０g

答、＿＿３０g＿＿

例題４−②、右図の場合はどうなりますか。

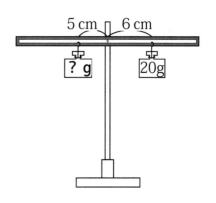

　　　時計回りの力　　反時計回りの力
　　　６cm×２０g＝５cm×□g
　　　　１２０回転力＝５cm×□g

　　　□g＝１２０回転力÷５cm
　　　　　＝２４g

答、＿＿２４g＿＿

てんびんの釣り合い（さおの重さを考えない）

例題5−①、右の図のてんびんを釣り合わせ（水平にし）ました。図のばねばかりのめもりは何gを指しますか。（てんびんのさおの重さは考えない）

考え方

ばねばかりは「反時計回り」の力であることに注意しましょう。

　　時計回りの力　　反時計回りの力
　　6cm×20g＝（6cm＋6cm）×□g
　　　120回転力＝12cm×□g

　　□g＝120回転力÷12cm
　　　　＝10g

答、　10g

例題5−②、右図の場合はどうなりますか。

　　時計回りの力　　反時計回りの力
　　6cm×20g＝（6cm＋4cm）×□g
　　　120回転力＝10cm×□g

　　□g＝120回転力÷10cm
　　　　＝12g

答、　12g

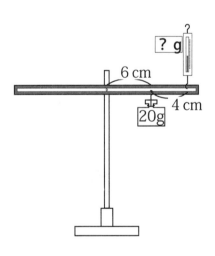

てんびんの釣り合い（さおの重さを考えない）

問題５、てんびんを釣り合わせる（水平にする）ためには、それぞれ図の位置に何ｇのおもりをつるす必要がありますか。あるいはばねばかりは何ｇを示しますか。（てんびんのさおの重さは考えない）

① 式

答、＿＿＿＿＿＿＿ｇ

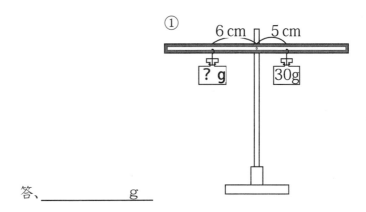

② 式

答、＿＿＿＿＿＿＿ｇ

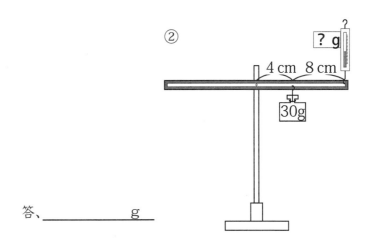

③ 式

答、＿＿＿＿＿＿＿ｇ

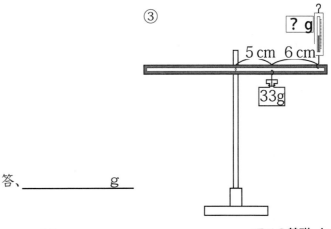

てんびんの釣り合い（さおの重さを考えない）

④ 式

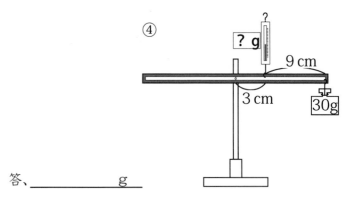

答、＿＿＿＿＿g

⑤ 式

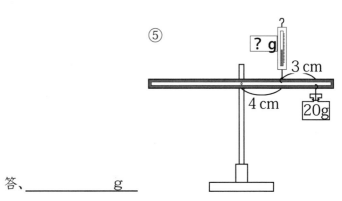

答、＿＿＿＿＿g

⑥ 式

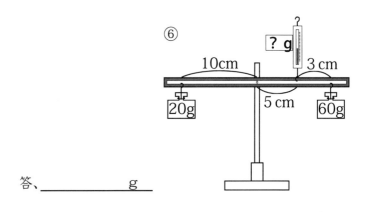

答、＿＿＿＿＿g

⑦ 式

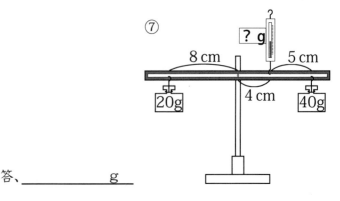

答、＿＿＿＿＿g

てんびんの釣り合い（さおの重さを考えない）

問題６、てんびんを釣り合わせる（水平にする）ためには、それぞれどの位置におもりをつるす必要がありますか。（てんびんのさおの重さは考えない）

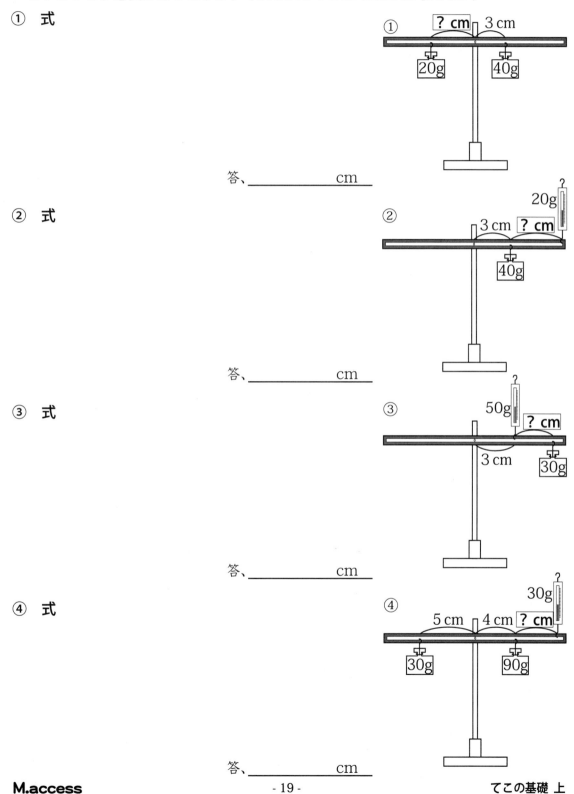

① 式

答、_____ cm

② 式

答、_____ cm

③ 式

答、_____ cm

④ 式

答、_____ cm

テスト　てんびんの釣り合い（さおの重さを考えない）

テスト１－１、てんびんを釣り合わせる（水平にする）ためには、それぞれ図の位置に何 g のおもりをつるす必要がありますか。あるいはばねばかりは何 g を示しますか。（てんびんのさおの重さは考えない）

各１０点

合格８０点

① 式

答、＿＿＿＿＿g

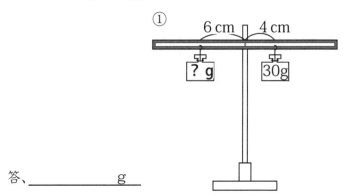

② 式

答、＿＿＿＿＿g

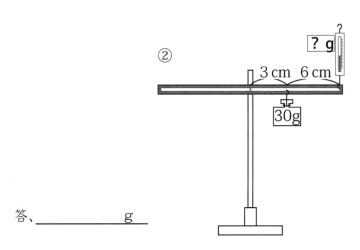

③ 式

答、＿＿＿＿＿g

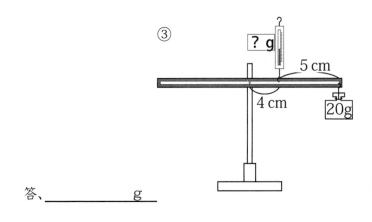

テスト　てんびんの釣り合い（さおの重さを考えない）

④　式

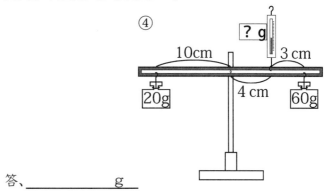

答、_____ g

⑤　式

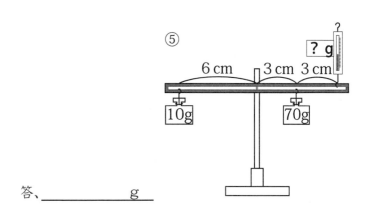

答、_____ g

テスト１－２、てんびんを釣り合わせる（水平にする）ためには、それぞれどの位置におもりをつるす必要がありますか。（てんびんのさおの重さは考えない）

各１０点

①　式

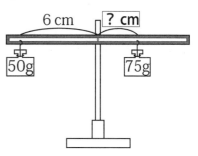

答、_____ cm

テスト　てんびんの釣り合い（さおの重さを考えない）

② 式

答、＿＿＿＿＿cm

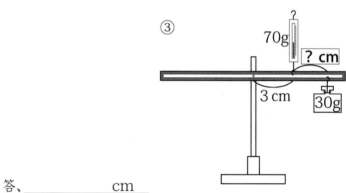

③ 式

答、＿＿＿＿＿cm

④ 式

答、＿＿＿＿＿cm

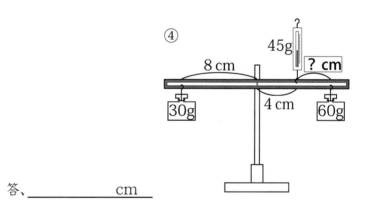

⑤ 式

答、＿＿＿＿＿cm

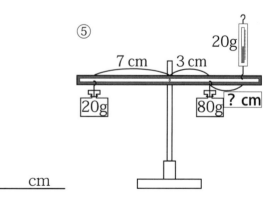

重心

棒を糸でつるすと、どこかでうまく釣り合う点が見つかります。
均質(どこも、太さも重さも同じ)な棒の場合は、ちょうど真ん中で釣り合います。

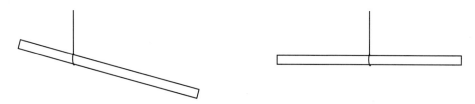

太さがちがったり、場所によって重さのちがう均質でない棒の場合は、真ん中でない場所で釣り合うことがあります。

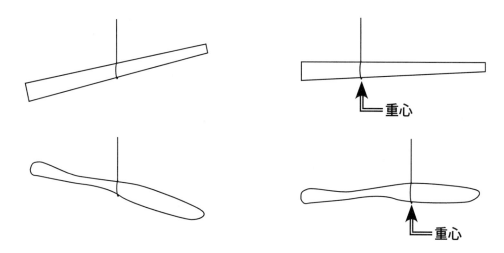

この、ちょうど釣り合う点のことを、棒の「**重心**」と言います。

※重心は「点」ですので、糸につるして分かるのは、正確には「重心をふくむ直線」です。立体の重心の「点」を求めるためには、別の方向から2回つるす必要があります。

重心を探すためには、上のように「糸でつるして釣り合うところを探す」という方法があります。

また、次のような方法で探すこともできます。
まず、ばねばかりなどで、棒の左端の重さをはかります。
次に、棒の右端の重さをはかります。
例えば、棒の右端の重さが30g、左端の重さが20gだったとします。

重心

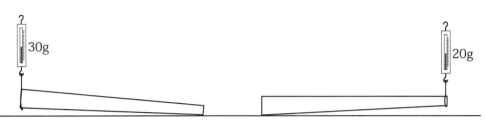

この時、右端と左端のそれぞれの重さを足した５０を棒の仮の長さとし、棒の長さを㊿と考えます。（図ア）

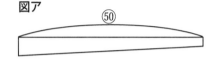

そして、左から⑳、右から㉚の長さのところに、
　右端の重さ２０ｇ↑　　　　↑左端の重さ３０ｇ
重心があることになります。（図イ）

もし棒の長さが１００ｃｍならば、

　㊿＝ 100cm
　①＝ 100cm ÷ ㊿
　　＝ 2cm　…　①の長さは２ｃｍ

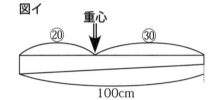

　⑳＝ 2cm × 20　　　　㉚＝ 2cm × 30
　　＝ 40cm　　　　　　　＝ 60cm

したがって、重心の位置は、棒の左から４０ｃｍのところ（棒の右端から６０ｃｍのところ）となります。

棒の重心の位置は、両端のそれぞれの重さの反対側の重さが長さの割合であるような位置にあります。（図ウ）

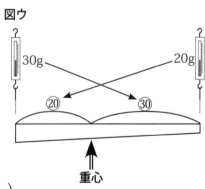

（「比」の考え方を知っている人は、「比」を用いて、長さの比「２：３」として計算してよろしい。）

また、棒全体の重さは右端と左端の重さを足したものです。
　この図の場合、棒全体の重さは　３０ｇ＋２０ｇ＝５０ｇ　となります。

重心

問題7、例にならって、次の棒の重心の位置に矢印（↓）を書きなさい。また棒全体の重さを求めなさい。

例

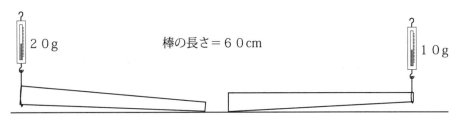

式　２０＋１０＝㉚　（…棒全体の長さの割合）
　　６０cm÷㉚＝２cm　（…「①＝２cm」）
　　２cm×⑩＝２０cm　（…左端から重心までの長さ）
　　２０g＋１０g＝３０g　（…棒全体の重さ）

答　重心の位置　　　　　　　　　　　　棒全体の重さ　　　３０　g

①

（棒の長さ＝４０cm、左15g、右5g）

式

答　重心の位置　　　　　　　　　　　　棒全体の重さ　　　　　　g

重心

②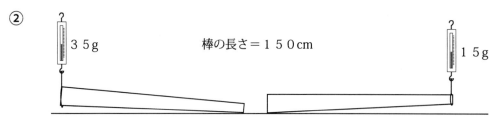

35g　棒の長さ＝150cm　15g

式

答　重心の位置　左端から45cm　　棒全体の重さ　50　g

③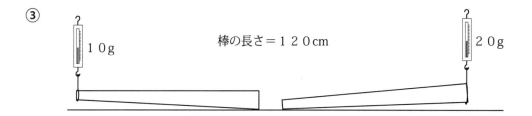

10g　棒の長さ＝120cm　20g

式

答　重心の位置　左端から80cm　　棒全体の重さ　30　g

てんびんの釣り合い（さおの重さを考える）

　これまで勉強してきた通り、棒を糸でつるした場合、ちょうど釣り合う点があることが分かりましたね。この点のことを「重心」と言いました。

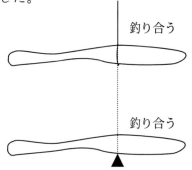

　「重心」に糸をつけてつるすと、棒が釣り合いました。「重心」に糸でなく、下に台（▲）を置いても、同じように釣り合います。

　これらの図から分かるように、この棒は「糸」あるいは「台」に全ての重さがかかっています。言いかえると「糸」あるいは「台」の1点、つまり「重心」の **1点で、棒の全ての重さを支えることができる**ということです。

　力の働きを考える時は、棒の重さは、棒の重心の1点だけにある、と考えてよろしい。

　てんびんにおける力の働きを考える場合、正確にはてんびんのさおの重さも考えなければなりません。

　てんびんのさおの重さは、さおの重心の1点だけにある、と考えてよろしい。

　ですから、てんびんのさおの重さを考える場合、右の図のように、**重心にさおと同じ重さの見えないおもりがぶら下がっている**、と考えます。

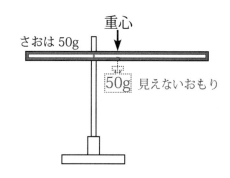

★てんびんにおいて、さおの重さを考えなければならない場合：

　　重心に、さおと同じおもさの見えないおもりをぶら下げて考える

てんびんの釣り合い（さおの重さを考える）

例題６、右の図のてんびん（さおの重さ２０g、重心は真ん中）を釣り合わせ（水平にし）ました。図のアは何gでしょうか。

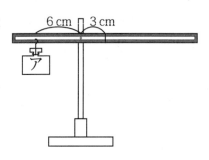

考え方

さおの重さを考えなければならないところが、これまでとはちがうところです。

さおの重さは、**重心に見えないおもり**をつるして考えます。見えないおもりも普通のおもりと同じように考えればよろしい。

この問題の場合、重心はさおの真ん中なので、さおの中心の位置に見えないおもりを書き入れます。

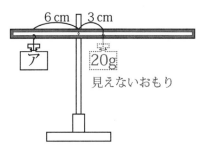

```
   時計回りの力    反時計回りの力
   ３cm×２０g＝６cm×アg
     ６０回転力＝６cm×アg

   アg＝６０回転力÷６cm
      ＝１０g
```

答、　<u>　１０g　</u>

★ポイントは見えないおもりです。

　必ず見えないおもりを自分で図の中に書き入れて、それから力の釣り合いを考えるようにしましょう。

てんびんの釣り合い（さおの重さを考える）

問題8、てんびんを釣り合わせる（水平にする）ためには、それぞれ図の位置に何gのおもりをつるす必要がありますか。全てさおは12cm、30g、重心はさおの中心にあります。

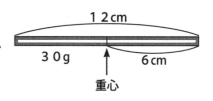

① 式　　30 × 2 ÷ 3 = 20

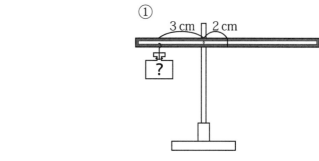

答、＿＿20＿＿g

② 式　　30 × 1 ÷ 3 = 10

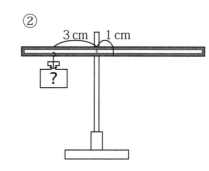

答、＿＿10＿＿g

③ 式　　30 × 4 ÷ 1 = 120

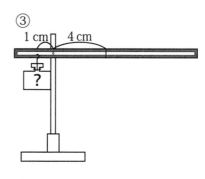

答、＿＿120＿＿g

てんびんの釣り合い（さおの重さを考える）

問題９、てんびんを釣り合わせる（水平にする）ためには、それぞれどの位置におもりをつるす必要がありますか。全てさおは１２cm、３０g、重心はさおの中心にあります。

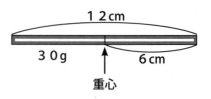

① 式

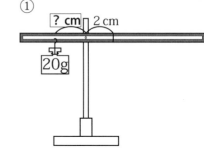

答、＿＿＿＿＿＿cm

② 式

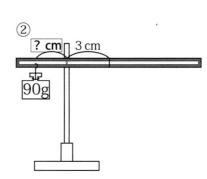

答、＿＿＿＿＿＿cm

③ 式

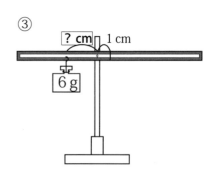

答、＿＿＿＿＿＿cm

てんびんの釣り合い（さおの重さを考える）

例題７、右の図のような長さ１２cm、重さ３０gの、太さの一様でない棒をつかっててんびんを作りました。棒だけをつるすと図アの状態で釣り合いました。図イの状態で釣り合わせるためには、何gのおもりをつるす必要がありますか。

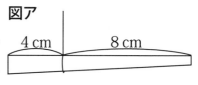

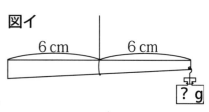

考え方

棒の重さは、その**重心に見えないおもり**をつるして考えましたね。

【図ア】からわかるように、重心は棒の左から４cmのところにあります。その位置に見えないおもりを書き入れて考えましょう。（図ウ）

見えないおもりの支点からの距離は、
　　６cm－４cm＝２cm　　です。

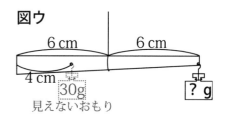

　時計回りの力　　反時計回りの力
　６cm×？g＝２cm×３０g
　６cm×？g＝６０回転力

　？g＝６０力÷６cm
　　　＝１０g

<u>　　　　答、　１０g　　　　</u>

棒やさおの重さを考えなければいけない問題の時には、必ず見えないおもりを自分で図の中に書き入れましょう。

見えないおもりは、棒（さお）の重心の位置にあると考えます。必ず重心がどこか調べて下さい。

てんびんの釣り合い（さおの重さを考える）

問題１０、右の図のような長さ１２cm、重さ３０gの、太さの一様でない棒をつかっててんびんを作りました。棒だけをつるすと図アの状態で釣り合いました。①〜④について、それぞれ何gのおもりをつるすと釣り合いますか。

図ア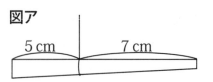

①

答、___5___g

②

答、___12___g

③

答、___40___g

④

答、___20___g

てんびんの釣り合い（さおの重さを考える）

問題１１、右の図のような長さ１２cm、重さ３０ｇの、太さの一様でない棒をつかっててんびんを作りました。棒だけをつるすと図アの状態で釣り合いました。①〜④について、棒が釣り合っている場合、それぞれ図の部分は何 cm でしょうか。
（図中の長さは不正確に書いてあります）

図ア

①

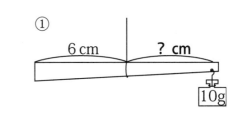

答、__6__ cm

②

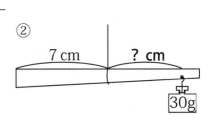

答、__3__ cm

③

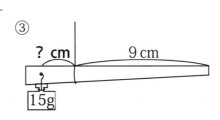

答、__2__ cm

④

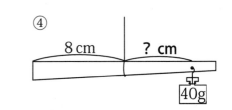

答、__3__ cm

てんびんの釣り合い（さおの重さを考える）

例題8、長さ12cmの、太さの一様でない棒の左右の端の重さをはかってみると右図アの通りでした。図イの状態で釣り合わせるためには、何gのおもりをつるす必要がありますか。

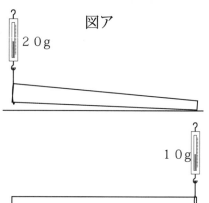

図ア

考え方

棒の太さが一様でない場合、重さと、重心の位置をさがさなくてはなりません。

P25でやったように、棒の左右2か所の重さをはかると、棒の重さと重心の位置を見つけることができます。（やり方を忘れた人はP25を復習して下さい）

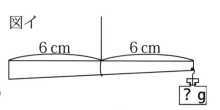

図イ

この棒の重さは30g、重心は棒の左から4cmのところにあります。後は例題7と同じ解き方です。見えないおもりを書き入れて考えます。（図ウ）

図ウ

見えないおもりの支点からの距離は、
　　6cm − 4cm ＝ 2cm　　です。

　　時計回りの力　　反時計回りの力
　　6cm × ? g ＝ 2cm × 30g
　　6cm × ? g ＝ 60回転力

　　? g ＝ 60回転力 ÷ 6cm
　　　　＝ 10g

答、__10g__

てんびんの釣り合い（さおの重さを考える）

問題１２、それぞれ図アのような棒を使って、それぞれ釣り合わせました。？の部分の数値を答えなさい。（図中の長さは不正確に書いてあります）

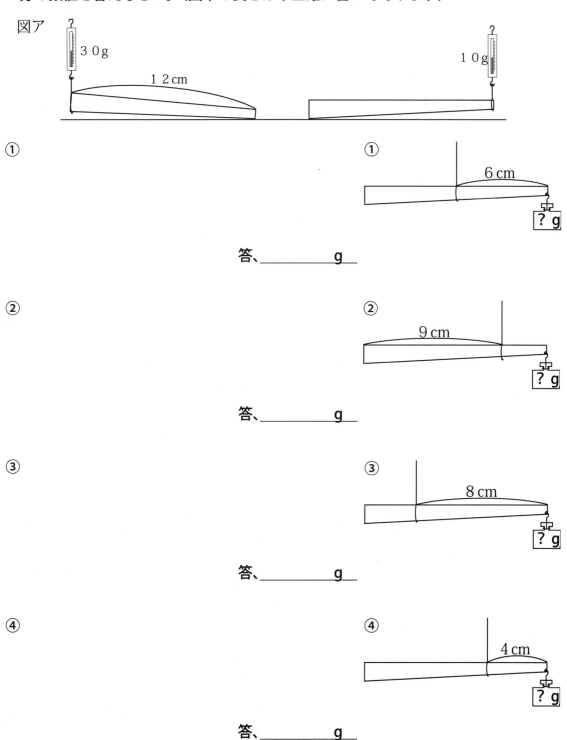

てんびんの釣り合い（さおの重さを考える）

⑤
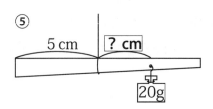

答、＿＿＿＿cm

⑥
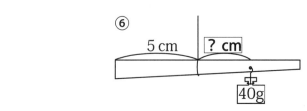

答、＿＿＿＿cm

⑦
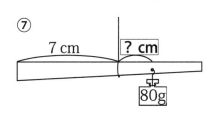

答、＿＿＿＿cm

⑧
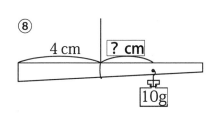

答、＿＿＿＿cm

⑨
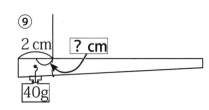

答、＿＿＿＿cm

テスト　てんびんの釣り合い（さおの重さを考える）

テスト２－１、それぞれ図アのような棒を使って、それぞれ釣り合わせました。？の部分の数値を答えなさい。（図中の長さは不正確に書いてあります）

（各１０点）

点

図ア

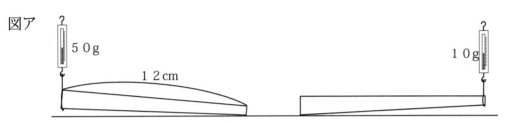

５０ｇ　　　１２ｃｍ　　　　　　　　　　　　　　１０ｇ

① 式

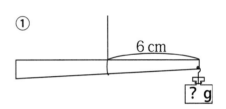

① 6 cm　？ｇ

答、＿＿＿＿＿＿ｇ

② 式

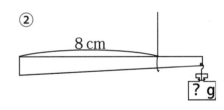

② 8 cm　？ｇ

答、＿＿＿＿＿＿ｇ

テスト　てんびんの釣り合い（さおの重さを考える）

③

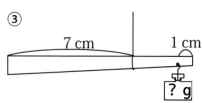

答、＿＿＿＿＿g

④

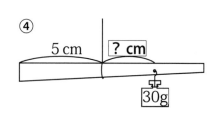

答、＿＿＿＿＿cm

⑤

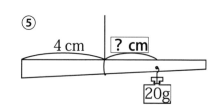

答、＿＿＿＿＿cm

テスト　てんびんの釣り合い（さおの重さを考える）

テスト2-2、それぞれ図イのような棒を使って、それぞれ釣り合わせました。？の部分の数値を答えなさい。（図中の長さは不正確に書いてあります）

図イ

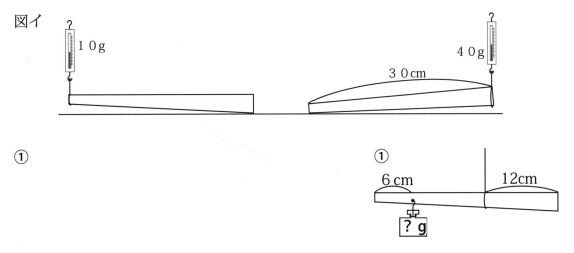

①

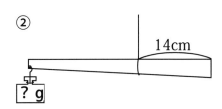

答、＿＿＿＿25＿＿＿＿g

②

答、＿＿＿＿25＿＿＿＿g

テスト　てんびんの釣り合い（さおの重さを考える）

③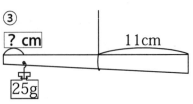

答、＿＿＿＿cm

④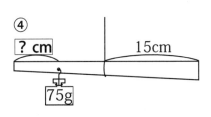

答、＿＿＿＿cm

⑤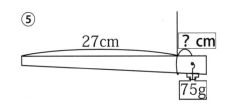

答、＿＿＿＿cm

解 答

P 5

問題1 下図の通り。力点・作用点について、2か所あるものはどちらか1か所書いてあれば正解。

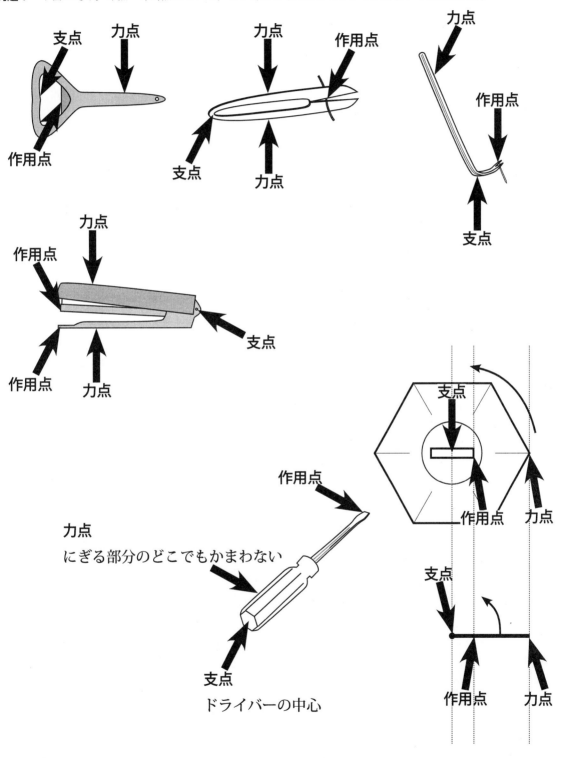

解 答

P9
問題2

A：時計回り　　B：時計回り　　C：反時計回り　　D：時計回り　　E：反時計回り
F：反時計回り　　G：反時計回り　　H：時計回り　　I：反時計回り　　J：時計回り　　K：時計回り
L：時計回り

P12
問題3

① 　6めもり×2個＝6めもり×?個
　　12回転力＝6めもり×?個
　　　　?個＝12回転力÷6めもり
　　　　　　＝2個
　　　　　　　　　　　答、_2_個_

② 　6めもり×2個＝4めもり×?個
　　12回転力＝4めもり×?個
　　　　?個＝12回転力÷4めもり
　　　　　　＝3個
　　　　　　　　　　　答、_3_個_

③ 　6めもり×2個＝3めもり×?個
　　12回転力＝3めもり×?個
　　　　?個＝12回転力÷3めもり
　　　　　　＝4個
　　　　　　　　　　　答、_4_個_

P14
問題4

① 　4めもり×3個＝?めもり×2個
　　12回転力＝?めもり×2個
　　　?めもり＝12回転力÷2個
　　　　　　＝6めもり…支点からの距離
　　　　　　　　　　　答、_A_

② 　4めもり×3個＝?めもり×4個
　　12回転力＝?めもり×4個
　　　?めもり＝12回転力÷4個
　　　　　　＝3めもり…支点からの距離
　　　　　　　　　　　答、_D_

③ 　6めもり×1個＝?めもり×2個
　　6回転力＝?めもり×2個
　　　?めもり＝6回転力÷2個
　　　　　　＝3めもり…支点からの距離
　　　　　　　　　　　答、_D_

P17
問題5

① 　5cm×30g＝6cm×?g
　　150回転力＝6cm×?g
　　　　?g＝150回転力÷6cm
　　　　　　＝25g
　　　　　　　　　　　答、_25g_

② 　4cm×30g＝(4＋8)cm×?g
　　120回転力＝12cm×?g
　　　　?g＝120回転力÷12cm
　　　　　　＝10g
　　　　　　　　　　　答、_10g_

解 答

P17
問題5

③ 　5cm×33g＝(5+6)cm×？g
　　　165回転力＝11cm×？g
　　　　　？g＝165回転力÷11cm
　　　　　　　＝15g
　　　　　　　　　　　答、　15g

P18
問題5

④ 　(3+9)cm×30g＝3cm×？g
　　　360回転力＝3cm×？g
　　　　　？g＝360回転力÷3cm
　　　　　　　＝120g
　　　　　　　　　　　答、　120g

⑤ 　(4+3)cm×20g＝4cm×？g
　　　140回転力＝4cm×？g
　　　　　？g＝140回転力÷4cm
　　　　　　　＝35g
　　　　　　　　　　　答、　35g

⑥ おもりなどの数が増えてきたので、時計回りと反時計回りを、別々に計算します。

　時計回り：(5+3)cm×60g＝480回転力

　反時計回り：10cm×20g＝200回転力
　　　　　　：(5cm×？g)回転力

　　480回転力＝200回転力＋(5cm×？g)回転力
　(5cm×？g)回転力＝480回転力－200回転力
　　　　　＝280力
　　　？g＝280力÷5cm
　　　　　＝56g
　　　　　　　　　　　答、　56g

⑦ 　時計回り：(4+5)cm×40g＝360回転力

　　反時計回り：8cm×20g＝160回転力
　　　　　　　：(4cm×？g)回転力

　　360回転力＝160回転力＋(4cm×？g)回転力
　(4cm×？g)回転力＝360回転力－160回転力
　　　　　＝200回転力
　　　？g＝200回転力÷4cm
　　　　　＝50g
　　　　　　　　　　　答、　50g

P19
問題6

① 　3cm×40g＝？cm×20g
　　　120回転力＝？cm×20g
　　　　？cm＝120回転力÷20g
　　　　　　＝6cm
　　　　　　　　　　　答、　6cm

② 　3cm×40g＝(3+？)cm×20g
　　　120回転力＝(3+？)cm×20g
　　(3+？)cm＝120回転力÷20g
　　　　　　＝6cm
　　　？cm＝6cm－3cm
　　　　　＝3cm
　　　　　　　　　　　答、　3cm

解 答

P19
問題6

③ $(3+?)\text{cm} \times 30\text{g} = 3\text{cm} \times 50\text{g}$
$(3+?)\text{cm} \times 30\text{g} = 150$ 回転力
$(3+?)\text{cm} = 150$ 回転力 $\div 30\text{g}$
$= 5\text{cm}$
$?\text{cm} = 5\text{cm} - 3\text{cm}$
$= 2\text{cm}$

答、 __2cm__

④ 時計回りと反時計回りを、別々に計算します。

時計回り：$4\text{cm} \times 90\text{g} = 360$ 回転力

反時計回り：$5\text{cm} \times 30\text{g} = 150$ 回転力
：$\{(4+?)\text{cm} \times 30\text{g}\}$ 回転力

360 回転力 = 150 回転力 + $\{(4+?)\text{cm} \times 30\text{g}\}$ 回転力
$\{(4+?)\text{cm} \times 30\text{g}\}$ 回転力 = 360 回転力 − 150 回転力
$\{(4+?)\text{cm} \times 30\text{g}\}$ 回転力 = 210 回転力
$(4+?)\text{cm} = 210$ 回転力 $\div 30\text{g}$
$= 7\text{cm}$
$?\text{cm} = 7\text{cm} - 4\text{cm}$
$= 3\text{cm}$

答、 __3cm__

P20
テスト1−1

① $4\text{cm} \times 30\text{g} = 6\text{cm} \times ?\text{g}$
120 回転力 $= 6\text{cm} \times ?\text{g}$
$?\text{g} = 120$ 回転力 $\div 6\text{cm}$
$= 20\text{g}$

答、 __20g__

② $3\text{cm} \times 30\text{g} = (3+6)\text{cm} \times ?\text{g}$
90 回転力 $= 9\text{cm} \times ?\text{g}$
$?\text{g} = 90$ 回転力 $\div 9\text{cm}$
$= 10\text{g}$

答、 __10g__

③ $(4+5)\text{cm} \times 20\text{g} = 4\text{cm} \times ?\text{g}$
180 回転力 $= 4\text{cm} \times ?\text{g}$
$?\text{g} = 180$ 回転力 $\div 4\text{cm}$
$= 45\text{g}$

答、 __45g__

P21
テスト1−1

④ 時計回りと反時計回りを、別々に計算します。

時計回り：$(4+3)\text{cm} \times 60\text{g} = 420$ 回転力

反時計回り：$10\text{cm} \times 20\text{g} = 200$ 回転力
：$(4\text{cm} \times ?\text{g})$ 回転力

420 回転力 = 200 回転力 + $(4\text{cm} \times ?\text{g})$ 回転力
$(4\text{cm} \times ?\text{g})$ 回転力 = 420 回転力 − 200 回転力
$(4\text{cm} \times ?\text{g})$ 回転力 = 220 回転力
$?\text{g} = 220$ 回転力 $\div 4\text{cm}$
$= 55\text{g}$

答、 __55g__

解 答

P21

テスト1-1

⑤ 時計回り：3cm×70g＝210回転力

反時計回り：6cm×10g＝60回転力
　　　　　：{(3＋3)cm×?g}回転力

210回転力＝60回転力＋{(3＋3)cm×?g}回転力
　　　　　＝60回転力＋(6cm×?g)回転力
(6cm×?g)回転力＝210回転力－60回転力
(6cm×?g)回転力＝150回転力
　　　　　　?g＝150回転力÷6cm
　　　　　　　＝25g

答、__25g__

テスト1-2

① ?cm×75g＝6cm×50g
　?cm×75g＝300回転力
　　　?cm＝300回転力÷75g
　　　　　＝4cm

答、__4cm__

P22

② 3cm×80g＝(3＋?)cm×30g
　240回転力＝(3＋?)cm×30g
　(3＋?)cm＝240回転力÷30g
　　　　　＝8cm
　　　?cm＝8cm－3cm
　　　　　＝5cm

答、__5cm__

③ (3＋?)cm×30g＝3cm×70g
　(3＋?)cm×30g＝210回転力
　(3＋?)cm＝210回転力÷30g
　　　　　＝7cm
　　　?cm＝7cm－3cm
　　　　　＝4cm

答、__4cm__

④ 時計回り：(4＋?)cm×60g

反時計回り：8cm×30g＝240回転力
　　　　　：4cm×45g＝180回転力

(4＋?)cm×60g＝240回転力＋180回転力
(4＋?)cm×60g＝420回転力
(4＋?)cm＝420回転力÷60g
　　　　＝7cm
　?cm＝7cm－4cm
　　　＝3cm

答、__3cm__

⑤ 時計回り：3cm×80g＝240回転力

反時計回り：7cm×20g＝140回転力
　　　　　：(3＋?)cm×20g

240力＝140回転力＋{(3＋?)cm×20g}回転力
{(3＋?)cm×20g}回転力＝240回転力－140回転力
{(3＋?)cm×20g}回転力＝100回転力
(3＋?)cm＝100回転力÷20g
(3＋?)cm＝5cm
　?cm＝5cm－3cm
　?cm＝2cm

答、__2cm__

解 答

P25
問題7

① 15＋5＝⑳　（…棒全体の長さの割合）
　40cm÷⑳＝2cm　（…①の長さ）
　2cm×⑤＝10cm　（…左端から重心までの長さ）
　2cm×⑮＝30cm　（…右端から重心までの長さ）｝どちらでもよい
　15g＋5g＝20g　（…棒全体の重さ）

答、重心の位置 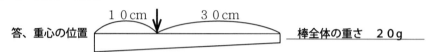 棒全体の重さ　20g

② 35＋15＝㊿　（…棒全体の長さの割合）
　150cm÷㊿＝3cm　（…①の長さ）
　3cm×⑮＝45cm　（…左端から重心までの長さ）
　3cm×㉟＝105cm　（…右端から重心までの長さ）｝どちらでもよい
　35g＋15g＝50g　（…棒全体の重さ）

答、重心の位置 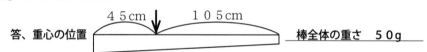 棒全体の重さ　50g

③ 10＋20＝㉚　（…棒全体の長さの割合）
　120cm÷㉚＝4cm　（…①の長さ）
　4cm×⑳＝80cm　（…左端から重心までの長さ）
　4cm×⑩＝40cm　（…右端から重心までの長さ）｝どちらでもよい
　10g＋20g＝30g　（…棒全体の重さ）

答、重心の位置  棒全体の重さ　30g

P29
問題8

① 2cm×30g＝3cm×？g
　　60回転力＝3cm×？g
　　　　？g＝60回転力÷3cm
　　　　？g＝20g

答、__20g__

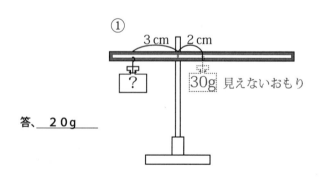

解 答

P29
問題8

② $1\text{cm} \times 30\text{g} = 3\text{cm} \times ?\text{g}$
　　$30回転力 = 3\text{cm} \times ?\text{g}$
　　　　$?\text{g} = 30回転力 \div 3\text{cm}$
　　　　$?\text{g} = 10\text{g}$

③ $4\text{cm} \times 30\text{g} = 1\text{cm} \times ?\text{g}$
　　$120回転力 = 1\text{cm} \times ?\text{g}$
　　　　$?\text{g} = 120回転力 \div 1\text{cm}$
　　　　$?\text{g} = 120\text{g}$

P30
問題9

① $?\text{cm} \times 20\text{g} = 2\text{cm} \times 30\text{g}$
　　$?\text{cm} \times 20\text{g} = 60カ$
　　　　$?\text{cm} = 60カ \div 20\text{g}$
　　　　$?\text{cm} = 3\text{cm}$

② $?\text{cm} \times 90\text{g} = 3\text{cm} \times 30\text{g}$
　　$?\text{cm} \times 90\text{g} = 90カ$
　　　　$?\text{cm} = 90カ \div 90\text{g}$
　　　　$?\text{cm} = 1\text{cm}$

③ $?\text{cm} \times 6\text{g} = 1\text{cm} \times 30\text{g}$
　　$?\text{cm} \times 6\text{g} = 30カ$
　　　　$?\text{cm} = 30カ \div 6\text{g}$
　　　　$?\text{cm} = 5\text{cm}$

P32
問題10

① $6\text{cm} \times ?\text{g} = 1\text{cm} \times 30\text{g}$
　　$6\text{cm} \times ?\text{g} = 30カ$
　　　　$?\text{g} = 30カ \div 6\text{cm}$
　　　　$?\text{g} = 5\text{g}$

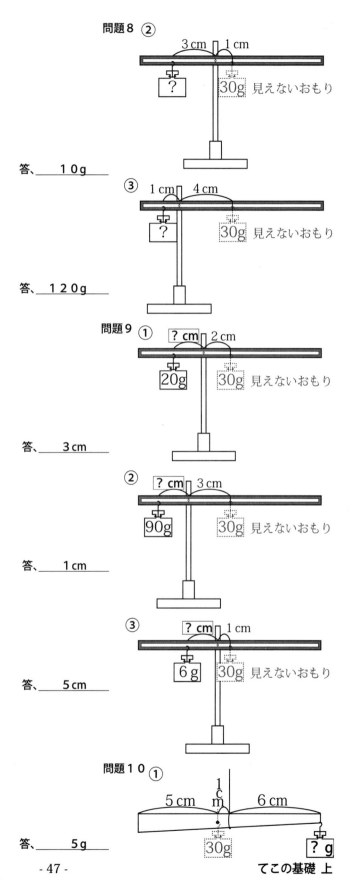

問題8 ② 答、10g
③ 答、120g

問題9 ① 答、3cm
② 答、1cm
③ 答、5cm

問題10 ① 答、5g

解 答

P32
問題１０

② 5cm×？g＝2cm×30g
　　5cm×？g＝60力
　　　　　？g＝60力÷5cm
　　　　　？g＝12g

答、　12g

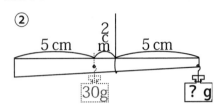

③ 3cm×？g＝4cm×30g
　　3cm×？g＝120回転力
　　　　　？g＝120回転力÷3cm
　　　　　？g＝40g

答、　40g

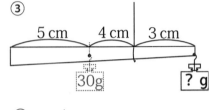

④ 5cm－3cm＝2cm
　　2cm×30g＝3cm×？g
　　60回転力＝3cm×？g
　　　　　？g＝60÷3cm
　　　　　？g＝20g

答、　20g

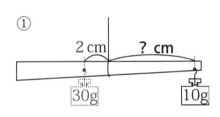

P33
問題１１

① 6cm－4cm＝2cm
　　？cm×10g＝2cm×30g
　　？cm×10g＝60回転力
　　　　　？g＝60回転力÷10g
　　　　　？g＝6cm

答、　6cm

② 7cm－4cm＝3cm
　　？cm×30g＝3cm×30g
　　？cm×30g＝90回転力
　　　　　？cm＝90回転力÷30g
　　　　　？cm＝3cm

答、　3cm

解 答

P33
問題11

③ 9cm − 8cm = 1cm
　　1cm × 30g = ?cm × 15g
　　30回転力 = ?cm × 15g
　　　?cm = 30回転力 ÷ 15g
　　　?cm = 2cm

　　　　　　　　　　答、__2cm__

問題11

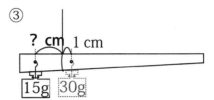

④ 8cm − 4cm = 4cm
　　?cm × 40g = 4cm × 30g
　　?cm × 40g = 120回転力
　　　?g = 120回転力 ÷ 40g
　　　?g = 3cm

　　　　　　　　　　答、__3cm__

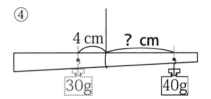

P35
問題12

問題の【図ア】より、棒の重心の位置と重さが分かる。

⑩ + ㉚ = ㊵…12cm
12cm ÷ ㊵ = 0.3cm…①分の長さ
0.3cm × ⑩ = 3cm…左端から重心までの距離

30g + 10g = 40g…棒の重さ = 重心の見えないおもり

問題12

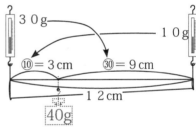

① 6cm × ?g = (9−6)cm × 40g
　　6cm × ?g = 120回転力
　　　?g = 120回転力 ÷ 6cm
　　　?g = 20g

　　　　　　　　　　答、__20g__

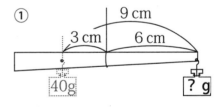

② (12−9)cm × ?g = (9−3)cm × 40g
　　3cm × ?g = 240回転力
　　　?g = 240回転力 ÷ 3cm
　　　?g = 80g

　　　　　　　　　　答、__80g__

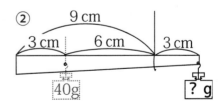

解 答

P35

問題１２

③ 8cm×? g＝(9−8) cm×40g
  8cm×? g＝40回転力
    ? g＝40回転力÷8cm
    ? g＝5g

問題１２

③

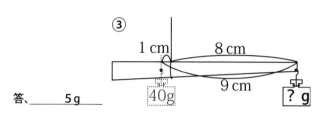

答、　5g

④ 4cm×? g＝(9−4) cm×40g
  4cm×? g＝200回転力
    ? g＝200回転力÷4cm
    ? g＝50g

④

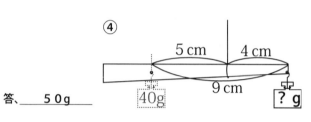

答、　50g

⑤ ? cm×20g＝(5−3) cm×40g
  ? cm×20g＝80回転力
    ? cm＝80回転力÷20g
    ? cm＝4cm

⑤

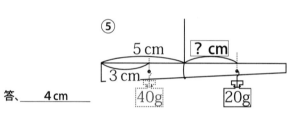

答、　4cm

⑥ ? cm×40g＝(5−3) cm×40g
  ? cm×40g＝80回転力
    ? cm＝80回転力÷40g
    ? cm＝2cm

⑥

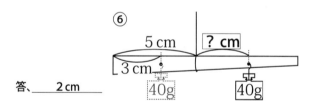

答、　2cm

P36

⑦ ? cm×80g＝(7−3) cm×40g
  ? cm×80g＝160回転力
    ? cm＝160回転力÷80g
    ? cm＝2cm

⑦

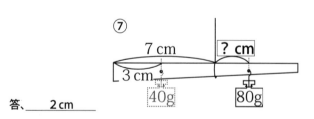

答、　2cm

⑧ ? cm×10g＝(4−3) cm×40g
  ? cm×10g＝40回転力
    ? cm＝40回転力÷10g
    ? cm＝4cm

⑧

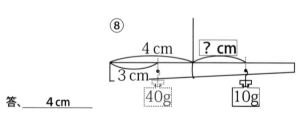

答、　4cm

解 答

P36
問題12

⑨　（3－2）cm×40g＝？cm×40g
　　　　40回転力＝？cm×40g
　　　　　　？cm＝40回転力÷40g
　　　　　　？cm＝1cm

答、___1cm___

問題12

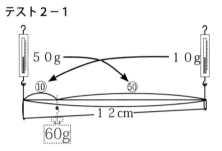

P37
テスト2－1

12cm÷（⑩＋㊵）＝0.2cm…①
0.2cm×⑩＝2cm…左端から重心までの距離
50g＋10g＝60g…棒の重さ＝重心の見えないおもり

① 12cm－2cm－6cm＝4cm　…支点から見えないおもり
　　　　　　　　　　　　　　　（重心）までの距離
　6cm×？g＝4cm×60g
　6cm×？g＝240回転力
　　　　？g＝240回転力÷6cm
　　　　？g＝40g

答、___40g___

② 8cm－2cm＝6cm　…支点から見えないおもり（重心）までの距離
　12cm－8cm＝4cm　…支点から？gまでの距離
　4cm×？g＝6cm×60g
　4cm×？g＝360回転力
　　　　？g＝360回転力÷4cm
　　　　？g＝90g

答、___90g___

テスト2－1

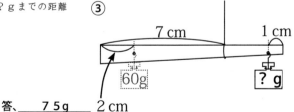

P38

③ 7cm－2cm＝5cm　…支点から見えないおもり（重心）までの距離
　12cm－7cm－1cm＝4cm　…支点から？gまでの距離
　4cm×？g＝5cm×60g
　4cm×？g＝300回転力
　　　　？g＝300回転力÷4cm
　　　　？g＝75g

答、___75g___

解答

P38
テスト2-1

④　5cm－2cm＝3cm　…支点から見えないおもり（重心）までの距離
　　？cm×30g＝3cm×60g
　　？cm×30g＝180回転力
　　　　？cm＝180回転力÷30g
　　　　？cm＝6cm

答、　6cm

テスト2-1
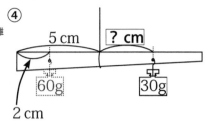

⑤　4cm－2cm＝2cm　…支点から見えないおもり（重心）までの距離
　　？cm×20g＝2cm×60g
　　？cm×20g＝120回転力
　　　　？cm＝120回転力÷20g
　　　　？cm＝6cm

答、　6cm

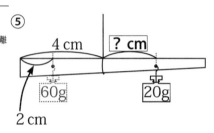

P39
テスト2-2

30cm÷（㊵＋⑩）＝0.6cm…①
0.6cm×⑩＝6cm…右端から重心までの距離
10g＋40g＝50g…棒の重さ＝重心の見えないおもり

テスト2-2
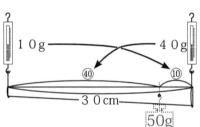

①　12cm－6cm＝6cm　…支点から見えないおもり（重心）までの距離
　　30cm－6cm－12cm＝12cm　…支点から？gまでの距離
　　6cm×50g＝12cm×？g
　　300回転力＝12cm×？g
　　　　？g＝300回転力÷12cm
　　　　？g＝25g

答、　25g

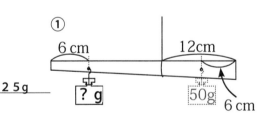

②　14cm－6cm＝8cm　…支点から見えないおもり（重心）までの距離
　　30cm－14cm＝16cm　…支点から？gまでの距離
　　8cm×50g＝16cm×？g
　　400回転力＝16cm×？g
　　　　？g＝400回転力÷16cm
　　　　？g＝25g

答、　25g

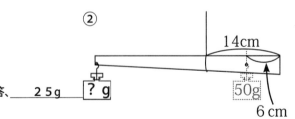

解答

P40

テスト2-2

③ 11cm－6cm＝5cm … 支点から見えないおもり（重心）までの距離
5cm×50g＝アcm×25g
250回転力＝アcm×25g
アcm＝250回転力÷25g
アcm＝10cm
?cm＝30cm－11cm－10cm
?cm＝9cm

答、_9cm_

テスト2-2

③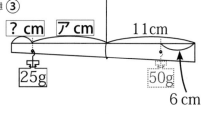

④ 15cm－6cm＝9cm … 支点から見えないおもり（重心）までの距離
9cm×50g＝イcm×75g
450回転力＝イcm×75g
イcm＝450回転力÷75g
イcm＝6cm
?cm＝30cm－15cm－6cm
?cm＝9cm

答、_9cm_

④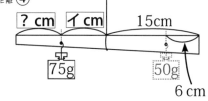

⑤ 30cm－27cm＝3cm …ウ
6cm－3cm＝3cm …支点から見えないおもり（重心）までの距離
?cm×75g＝3cm×50g
?cm×75g＝150回転力
?cm＝150回転力÷75g
?cm＝2cm

答、_2cm_

⑤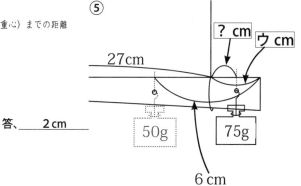

M.acceess　学びの理念

☆**学びたいという気持ちが大切です**
勉強を強制されていると感じているのではなく、心から学びたいと思っていることが、子どもを伸ばします。

☆**意味を理解し納得する事が学びです**
たとえば、公式を丸暗記して当てはめて解くのは正しい姿勢ではありません。意味を理解し納得するまで考えることが本当の学習です。

☆**学びには生きた経験が必要です**
家の手伝い、スポーツ、友人関係、近所付き合いや学校生活もしっかりできて、「学び」の姿勢は育ちます。
生きた経験を伴いながら、学びたいという心を持ち、意味を理解、納得する学習をすれば、負担を感じるほどの多くの問題をこなさずとも、子どもたちはそれぞれの目標を達成することができます。

発刊のことば

「生きてゆく」ということは、道のない道を歩いて行くようなものです。「答」のない問題を解くようなものです。今まで人はみんなそれぞれ道のない道を歩き、「答」のない問題を解いてきました。

子どもたちの未来にも、定まった「答」はありません。もちろん「解き方」や「公式」もありません。
私たちの後を継いで世界の明日を支えてゆく彼らにもっとも必要な、そして今、社会でもっとも求められている力は、この「解き方」も「公式」も「答」すらもない問題を解いてゆく力ではないでしょうか。

人間のはるかに及ばない、素晴らしい速さで計算を行うコンピューターでさえ、「解き方」のない問題を解く力はありません。特にこれからの人間に求められているのは、「解き方」も「公式」も「答」もない問題を解いてゆく力であると、私たちは確信しています。

M.accessの教材が、これからの社会を支え、新しい世界を創造してゆく子どもたちの成長に、少しでも役立つことを願ってやみません。

仕組みが分かる理科練習帳シリーズ2
てこの基礎　上　新装版　　小数範囲　　（内容は旧版と同じものです）

新装版　第1刷
　　　　　編集者　M.access（エム・アクセス）
　　　　　発行所　株式会社　認知工学
　　　　　〒604−8155　京都市中京区錦小路烏丸西入ル占出山町308
　　　　　電話　（075）256−7723　　email：ninchi@sch.jp
　　　　　郵便振替　01080−9−19362　株式会社認知工学

ISBN978-4-86712-002-6　C-6340　　　　R02040125B

定価＝ 本体600円 ＋税

ISBN978-4-86712-002-6 C6340 ¥600E

定価：本体６００円＋消費税

M.access 認知工学

表紙の解答

【図ア】より、ぼうの重心は左端から５cm（右端から７cm）のところにあることがわかります。この重心に、ぼうの重さ全てがかかっていると考えます。忘れないように、そこに「60gの見えないおもり」をつるしておきましょう。

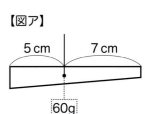

【図ア】

【図イ】の状態の時にも、見えないおもりは同じようにあります。見えないおもりを書いて、つり合いを考えましょう。

てこのつり合いは
　「反時計回りの回転力＝時計回りの回転力」

回転力は、それぞれ
　「支点からの距離×重さ」

６cm －５cm ＝１cm … A

　１cm × 60g ＝ ６cm × ？g
　60 回転力 ＝ ６cm × ？g
　　　？g ＝ 60 ÷ 6
　　　　　＝ 10g

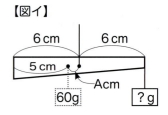

【図イ】

答、１０g